# 认识新鲜果蔬

長江出版傳媒 | 长江少年儿童出版社

# 目录

CONTENTS

## 水果

## 蔬　菜

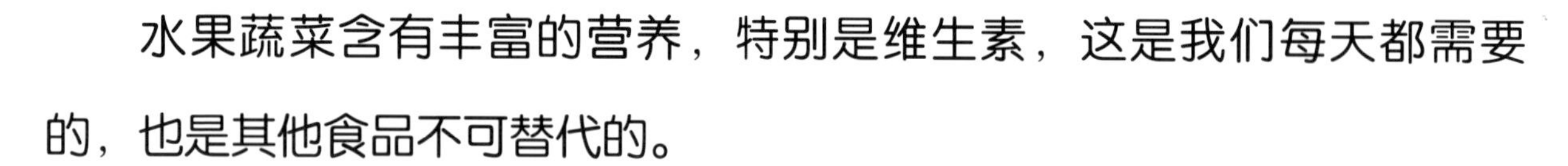

水果蔬菜含有丰富的营养，特别是维生素，这是我们每天都需要的，也是其他食品不可替代的。

书中收录了常见的73种水果蔬菜，不仅能增长孩子的知识，而且亮丽的颜色会让孩子对水果蔬菜爱不释手。

书中还有朗朗上口的水果蔬菜儿歌，可以帮助孩子更熟悉这些水果蔬菜，同时还能锻炼孩子的记忆能力和语言能力。

水果，是指多汁且主要味觉为甜味和酸味、可食用的植物果实。它们不仅美味可口，而且还含有丰富的营养。同时，它们还具有促进消化、减肥瘦身、延缓衰老，甚至降压抗癌等保健作用。

大苹果，大苹果，
红红脸蛋就像我。
我把苹果送爷爷，
我把苹果送奶奶。
爷爷奶奶尝苹果，
就像用嘴亲亲我。

píng guǒ
# 苹果 apple

双子叶植物纲→蔷薇目→蔷薇科

原产地：欧洲、中亚、西亚

## 水果特点

苹果是最常见的水果之一，通常为红色，不过也有黄色和绿色的。它的维生素含量非常丰富，位居四大水果（苹果、葡萄、柑橘、香蕉）之冠。

## 水果特点

香蕉长而弯，果棱明显，有4~5棱，前端较狭，果柄短，皮色金黄，果肉为白色，味道香甜，是岭南四大名果之一，在中国已有2000多年的栽培历史。

身穿黄大褂，
弯弯像月牙。
吃着软又甜，
宝宝最爱它。

xiāng jiāo
# 香蕉 banana

单子叶植物纲→姜目→芭蕉科

原产地：东南亚

jú zi

# 橘子 tangerine

双子叶植物纲→无患子目→芸香科

原产地：中国

小橘子，圆又圆，

剥开来，像小船。

小船黄，小船弯，

开到哪？嘴里边。

## 水果特点

橘子皮呈橙红色，果肉呈粒状，被果皮包裹。橘子皮薄肉多，汁水酸甜可口，是秋冬季常见的美味佳果。

## 水果特点

梨有圆形的，也有扁圆形的，果肉脆嫩多汁，酸甜可口，气味芳香。不同品种的果皮颜色大相径庭，有黄色、绿色 、褐色，个别品种亦有紫红色。

梨儿大，梨儿圆，
皮儿黄，带小点。
细长把，长上面，
水分多，味香甜。

pú　tao
# 葡萄 grape

双子叶植物纲→葡萄目→葡萄科

**原产地：亚洲西部**

紫铃铛，绿铃铛，
晶晶亮亮挂架上。
一串一串采下来，
大人小孩都爱尝。

## 水果特点

葡萄皮薄而多汁，酸甜味美，营养丰富，有“晶明珠”的美称。葡萄多为圆形或椭圆，有青绿色、紫黑色、紫红色等，表皮上有果粉。

## 水果特点

菠萝为著名热带水果之一。菠萝的顶上有一簇绿叶，叶子有齿。菠萝多呈圆筒形，身上凹凸不平，果肉黄色，酸甜适口，香味浓郁。

身上披着龙鳞甲，

长着公鸡绿尾巴。

不是鸟儿不是兽，

水果店里常有它。

林间草丛中，

有位小姑娘。

红衣嵌黑点，

酸甜路人尝。

cǎo méi

# 草莓

strawberry

双子叶植物纲→蔷薇目→蔷薇科

原产地：南美

水果特点

草莓是一种红色的水果，外观呈心形，鲜美红嫩，果肉多汁，酸甜可口，含丰富的维生素 C，被誉为“水果皇后”。

## 水果特点

西瓜果皮光滑，呈绿色或黄色。果肉脆嫩，味甜多汁，呈红色或黄色，含丰富的矿物盐和维生素，是夏天主要的消暑水果品种。

大西瓜，圆溜溜，
红瓜瓤，黑瓜子。
水又多，味又甜，
夏天吃，凉悠悠。

xī guā
# 西瓜
watermelon

双子叶植物纲→葫芦目→葫芦科

**原产地：非洲**

yīng　tao

# 樱桃 cherry

双子叶植物纲→蔷薇目→蔷薇科

原产地：美洲西印度群岛加勒比海地区

珍珠般亮，

小球般圆。

鲜血般红，

蜂蜜般甜。

## 水果特点

樱桃果实很小，色泽鲜艳，晶莹剔透，红的像玛瑙，黄的像凝脂，味道甘甜而微酸，富含各种维生素，营养丰富。

## 水果特点

荔枝是我国江南名贵水果，果皮鲜红或紫色，外皮呈鳞斑状突出，果肉晶莹剔透，香甜味美。但荔枝性热，多吃容易上火哦。

疙疙瘩瘩红屋子，
里边睡个白胖子。
一口吃了白胖子，
吐出一颗黑珠子。

lì zhī
# 荔枝 lychee

双子叶植物纲→无患子目→无患子科

原产地：中国南部

枝头一物长得好，

红尖嘴儿一身毛。

背上浅浅一道沟，

吃到嘴里好味道。

## 水果特点

桃子是我国常见的水果之一，品种丰富，表皮带毛，色泽艳丽，果核较大，果肉香甜味美，芳香诱人，营养丰富。

táo zi

# 桃子 peach

双子叶植物纲→蔷薇目→蔷薇科

**原产地：中国**

## 水果特点

柠檬果皮较厚，呈黄色或绿色，果实汁多肉嫩，味道极酸，含有丰富的柠檬酸，有“柠檬酸仓库”之美誉。

脱下黄衣服，
七八个兄弟。
抱在一起睡，
酸酸有味道。

níng méng
# 柠檬 lemon

双子叶植物纲→无患子目→芸香科

**原产地：东南亚**

shí liu

# 石榴

pomegranate

双子叶植物纲→桃金娘目→石榴科

**原产地：巴尔干半岛至伊朗**

谁说它很贫穷？
其实是个富翁。
挖开金色墙壁，
珠宝嵌满屏风。

## 水果特点

石榴表皮光滑，呈鲜红色或粉红色，果实为球状，果大皮薄，里面包着晶莹如宝石般的淡红色果粒，汁多味美。

## 水果特点

椰子是典型的热带水果，果实很大，椰子壳为棕色，非常坚硬，椰肉多汁，味道鲜美，椰汁甘甜可口，为我国海南省的特产。

海南宝岛安家，
不怕风吹雨打。
四季都穿棉衣，
肚里有肉有茶。

大个子，橄榄形，

果皮有青也有黄。

上面印着小细纹，

吃到嘴里笑嘻嘻。

hā mì guā

# 哈密瓜

cantaloupe

双子叶植物纲→葫芦目→葫芦科

**原产地：新疆**

## 水果特点

哈密瓜种类很多，形状有椭圆、卵圆、长棒形，果肉松脆爽口，甘甜如蜜，香气袭人，有“瓜中之王”的美称。

## 水果特点

芒果为著名热带水果之一，呈歪卵形，果皮为黄色，果肉细腻，风味独特，深受人们喜爱，所以又有“热带果王”之美誉。

全身金黄黄，

酸酸又甜甜。

果子树上长，

果汁人人爱。

yòu zi

# 柚子 pomelo

双子叶植物纲→无患子目→芸香科

**原产地：中国**

青树枝，结黄瓜，

大黄瓜，包棉花。

白棉花，包梳子，

梳子里，包豆芽。

## 水果特点

柚子外形浑圆，果实大，呈柠檬黄色，果肉为白色或红色，柔软多汁，清香可口，营养丰富，具有很高的药用价值。

## 水果特点

木瓜呈椭圆形，果皮为深黄色，果实内有黑色的小籽，果肉木质，味道微酸，带有芳香味，有“百益果王”之称。

木瓜大，木瓜甜，

木瓜披着黄衣服。

切开肚里全是籽，

宝宝爱吃都叫好。

shān zhú

# 山竹

mangosteen

双子叶植物纲→金虎尾目→藤黄科

原产地：印度尼西亚马鲁古

家住紫房子，

是个白娃娃。

脱去白袍子，

变成黑小子。

## 水果特点

山竹果实大小如柿，果壳为深褐色，有四片果蒂盖顶，内含七八瓣洁白晶莹的果肉，味道甘香清甜，能解乏止渴，号称“果中皇后”。

## 水果特点

山楂果实为球状，成熟后果皮为深红色，表面有淡色小斑点，果肉酸甜可口，能生津止渴，兼具药用价值。

红山楂，圆溜溜，

个子小，像小球。

吃一口，酸溜溜，

瞧一眼，口水流。

shān zhā

# 山楂

hawthorn

双子叶植物纲→蔷薇目→蔷薇科

原产地：中国

shì zi

# 柿子

persimmon

双子叶植物纲→杜鹃花目→柿树科

**原产地：中国**

小小柿子红又红，

挂在树头像灯笼。

摘下树来咬一口，

香香软软甜滋滋。

## 水果特点

柿子果实扁圆，颜色因不同品种由浅橘黄色至深橘红色，皮薄，肉细，个大，汁甜如蜜，在中国已有一千多年的历史。

## 水果特点

猕猴桃呈椭圆形，果皮为深褐色，覆盖着柔软茸毛，果肉为黄绿色，细嫩多汁，酸甜清香，为中国特产。

猕猴桃，不是桃，
像土豆，长细毛。
小黑籽，排成圈，
果肉绿，味道好。

mí hóu táo
# 猕猴桃 kiwi

双子叶植物纲→杜鹃花目→猕猴桃科

原产地：中国

yáng táo

# 阳桃 starfruit

双子叶植物纲→酢浆草目→酢浆草科

原产地：马来西亚、印度尼西亚

## 念一念

红线吊着小绿球，

绿球吊在树梢上。

不怕风来不怕雨，

只怕馋嘴小朋友。

## 水果特点

阳桃颜色青黄嫩绿，果肉脆软，酸甜汁多，其横切面呈五角星状，所以在国外又叫“星梨”。

## 水果特点

龙眼又叫“桂圆”，是中国南方的特产水果，果实形状浑圆，果肉为乳白色，味甜如蜜，还具有补气养血的功效。

龙眼圆，龙眼黄，
白果肉，壳里藏。
大黑核，像眼睛，
圆溜溜，亮光光。

lóng yǎn
# 龙眼 longan

双子叶植物纲→无患子目→无患子科

**原产地：中国南部及西南部**

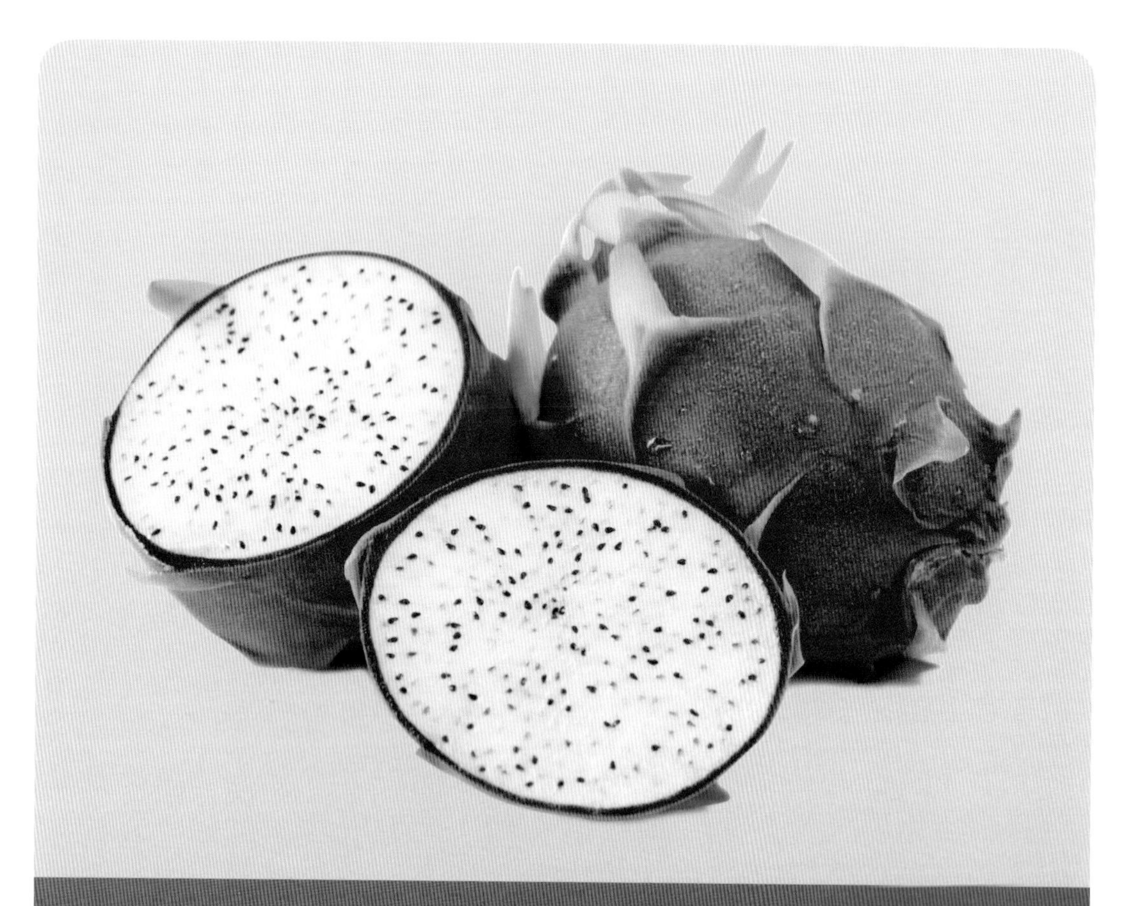

huǒ lóng guǒ

# 火龙果

pitaya

双子叶植物纲→石竹目→仙人掌科

**原产地：中美洲热带地区**

火龙果，个不大，
小朋友，爱吃它。
红色皮，像鳞片，
小黑籽，像芝麻。

## 水果特点

火龙果外形独特，红红的果皮上长满青色肉质鳞片，果肉分为红色、白色、黄色三种，上面含有很多芝麻状的种子，味道甘甜。

## 水果特点

杏呈黄色或橘红色，扁圆形，果肉酸甜或纯甜，能生津止渴，清热解毒，杏的果肉和果仁都可食用。

黄杏子，捏着软，
有的酸，有的甜。
大杏核，扁又硬，
白杏仁，藏里边。

xìng
杏 apricot

双子叶植物纲→蔷薇目→蔷薇科

**原产地：中国**

枇杷圆，枇杷甜，

枇杷身穿黄衣服。

肚里藏着大果核，

尝一尝，味儿美。

pí pa

# 枇杷 loquat

双子叶植物纲→蔷薇目→蔷薇科

原产地：中国

## 水果特点

枇杷成熟后为黄色，呈圆形或椭圆形，果皮很薄，上面覆盖着细细的绒毛，果核较大，味道酸甜，能清热止咳，被称为“果中之皇”。

## 水果特点

榴莲果实为球状，表面有很多尖尖的硬刺，果肉为淡淡的黄色，酥软味甜，营养丰富，香味独特，具有“水果之王”的美称。

身披黄金甲，
身上长疙瘩。
爱者赞其香，
厌者怨其臭。

liú lián
**榴莲** durian

双子叶植物纲→锦葵目→木棉科

**原产地：马来西亚**

外面杏黄衣，
姐妹抱一起。
打开仔细看，
都是一瓣瓣。

## 水果特点

橙子为圆形或长圆形，呈橙黄色，有甜橙和酸橙两种，酸橙大多用来制取果汁，甜橙用来食用。橙子营养丰富，果肉含有大量糖和维C。

chéng zi
# 橙子 orange

双子叶植物纲→芸香目→芸香科

原产地：中国东南部

## 水果特点

李子果实呈圆形，饱满圆润，玲珑剔透；果皮有紫红色、青绿色和黄绿色；果肉为绿色或暗黄色，香甜可口，是夏季养生的主要水果之一。

李子红，李子甜，
李子多，吃不完。
做罐头，做果脯，
还能晒，李子干。

lǐ zi
**李子** plum

双子叶植物纲→蔷薇目→蔷薇科

原产地：亚洲西部

lán méi
# 蓝莓
blueberry

双子叶植物纲→杜鹃花目→杜鹃花科

**原产地：北美洲**

念一念

小蓝莓，穿蓝衣，
白粉包着小浆果。
酸甜可口味儿香，
营养健康治百病。

## 水果特点

蓝莓果实呈蓝色，色泽艳丽，果皮上包裹着一层白色果粉，果肉细腻，酸甜可口，香气宜人，营养丰富。

## 水果特点

杨梅是我国特产水果之一，果实呈圆形，全身长着小小的肉刺，色泽鲜艳，汁液多，酸甜适口，营养价值高。

念一念

杨梅果，红艳艳，
水灵灵，真好看。
满身刺，特别软，
果汁红，果肉甜。

yáng méi
**杨梅**
waxberry

双子叶植物纲→壳斗目→杨梅科

原产地：中国浙江

小小青梅皮儿薄，
果实饱满味儿美。
绿皮肤，黄果肉，
凉果之王它来当。

qīng méi
# 青梅
greengage

双子叶植物纲→锦葵目→龙脑香科

原产地：中国海南

## 水果特点

青梅外形呈球状，皮薄，有光泽，果肉很厚，质脆汁多，酸中带着甜味，营养丰富。我国是青梅之乡。

## 水果特点

鳄梨为著名的热带水果，外形像梨，果皮粗糙，果肉为黄绿色，味道如牛油，果核很大，含有丰富的果油，可食用，还可护肤。

鳄梨皮，像鳄鱼，
绿皮果子似凤梨。
大果核里产果油，
人人赞其营养高。

è lí
# 鳄梨
avocado

双子叶植物纲→樟目→樟科

原产地：中美洲

弯弯树儿结红果，
红红果子圆溜溜。
长在树上真好看，
全身都是小刺儿。

hóng máo dān
# 红毛丹
rambutan

双子叶植物纲→无患子目→无患子科

**原产地：马来西亚**

## 水果特点

红毛丹果实呈球形，鲜红色，果壳上的毛发柔软坚韧，果肉细腻多汁，味酸甜，口感和荔枝接近，所以又叫“毛荔枝”。

# 蔬菜

蔬菜是指可以做菜、烹饪成食物的植物或菌类。蔬菜可以提供人体所必需的多种维生素和矿物质，蔬菜中的营养物质可以有效预防人类的很多疾病，有些蔬菜还可以美容、瘦身。

dà bái cài

# 大白菜

Chinese cabbage

双子叶植物纲→十字花目→十字花科

**原产地：中国**

## 念一念

一物长得怪，

叶绿身子白。

衣服一层层，

团团包起来。

## 蔬菜特点

大白菜的茎扁阔，颜色雪白，叶子为青色或绿色，味美鲜嫩，在我国已有6000多年的栽培历史。

## 蔬菜特点

洋葱为扁球形或圆球形，表皮白色或紫色，汁多且带有辣味，具有发散风寒的作用，切洋葱时会让人流泪。

味道像葱不是葱，
形状像蒜不是蒜。
一层一层裹紫缎，
炒熟味道不一般。

yáng cōng
# 洋葱 onion

单子叶植物纲→百合目→百合科

原产地：中亚

黄瓜细又长，
身穿绿衣裳。
头戴小黄花，
味道鲜又脆。

huáng guā
# 黄瓜
cucumber

双子叶植物纲→葫芦目→葫芦科

**原产地：喜马拉雅山南麓的热带雨林地区**

## 蔬菜特点

黄瓜果实呈油绿或翠绿色，果皮上有一层细密的小刺，顶部长有一朵黄色的小花，果肉脆甜多汁，清香可口，既可食用，还可美容。

## 蔬菜特点

胡萝卜呈圆柱状或圆锥状，品种很多，分红、黄、紫等多种颜色，肉质脆嫩，有特殊的甜味，含丰富的胡萝卜素，有“小人参”之美誉。

红公鸡，绿尾巴，
身子钻到泥底下。
人和兔子都爱吃，
揪住尾巴使劲拔。

双子叶植物纲→伞形目→伞形科

**原产地：亚洲西南部**

大萝卜，圆又大，
白衣服，绿头发。
不住棚，不住楼，
最喜欢，住地下。

bái luó bo

# 白萝卜

white radish

双子叶植物纲→十字花目→十字花科

**原产地：中国**

**蔬菜特点**

白萝卜为长圆形，根部为绿色、白色、粉红色或紫色，皮薄，肉嫩，多汁，脆嫩甘甜，营养丰富，是我国主要的蔬菜之一。

## 蔬菜特点

茄子呈圆形或椭圆，表皮为紫色、白色或绿色，肉里带有黑黑的小籽，味道甘甜，能清热止血，消肿止痛。

紫色茎上长紫叶，
紫色叶间开紫花。
紫色花上结紫果，
紫色果里包芝麻。

qié zi

# 茄子

eggplant

双子叶植物纲→茄目→茄科

原产地：亚洲热带

青青蛇儿满地爬，

蛇儿遍身开黄花。

瓜儿长长茸毛生，

吃到嘴里好味道。

双子叶植物纲→葫芦目→葫芦科

**原产地：北美洲南部**

## 蔬菜特点

西葫芦呈圆筒形或椭圆形，瓜皮因品种有白色、白绿、深绿等多种颜色。味道清香鲜美，富含水分，有润泽肌肤的作用。

## 蔬菜特点

南瓜呈扁圆形或木瓜形，果皮多为橙色，上面裹着一层白白的果粉，果肉甜而软，里面的瓜瓤中含有南瓜子，也可食用。

老奶奶，收南瓜，
南瓜甜，南瓜大。
拿不动，抱不下，
来了一个小娃娃。

ǒu
# 藕 lotus root

双子叶植物纲→睡莲目→睡莲科

原产地：印度

**念一念**

一只胳膊撑绿伞，
扎在池塘把家安。
开花结籽情意长，
胳膊断了丝还连。

**蔬菜特点**

藕生长在湖泊池塘中，形状肥大，节点多，中间有一些管状小孔，肉质细嫩，鲜脆甘甜，洁白无瑕，药用价值高。

## 蔬菜特点

蘑菇是真菌中的一类，模样像一把小雨伞，有白色、褐色、灰色等颜色，味道鲜美，营养丰富。

mó gu

# 蘑菇

mushroom

担子菌纲→伞菌目→伞菌科

原产地：中国

彩虹舞，雷雨过，

山林里面喜事多。

钻出一群胖娃娃，

打着小伞路边坐。

fān qié
# 番茄 tomato

双子叶植物纲→茄目→茄科

原产地：中美洲、南美洲

念一念

酸酸甜甜味道好，
皮薄汁多营养高。
它和鸡蛋是朋友，
经常下锅一起炒。

## 蔬菜特点

番茄呈扁圆球形，果皮光滑，色泽鲜艳，果肉很厚，肉质面而沙，汁多爽口，酸甜适中，营养丰富。

## 蔬菜特点

葱的茎部为白色，甘甜脆嫩；叶为绿色，呈圆筒形，中间是空的。葱具有特殊的辛辣味，是重要的调味品。

葱茎白，好几层，
葱叶绿，中间空。
葱的根，白须须，
吃大葱，辣味浓。

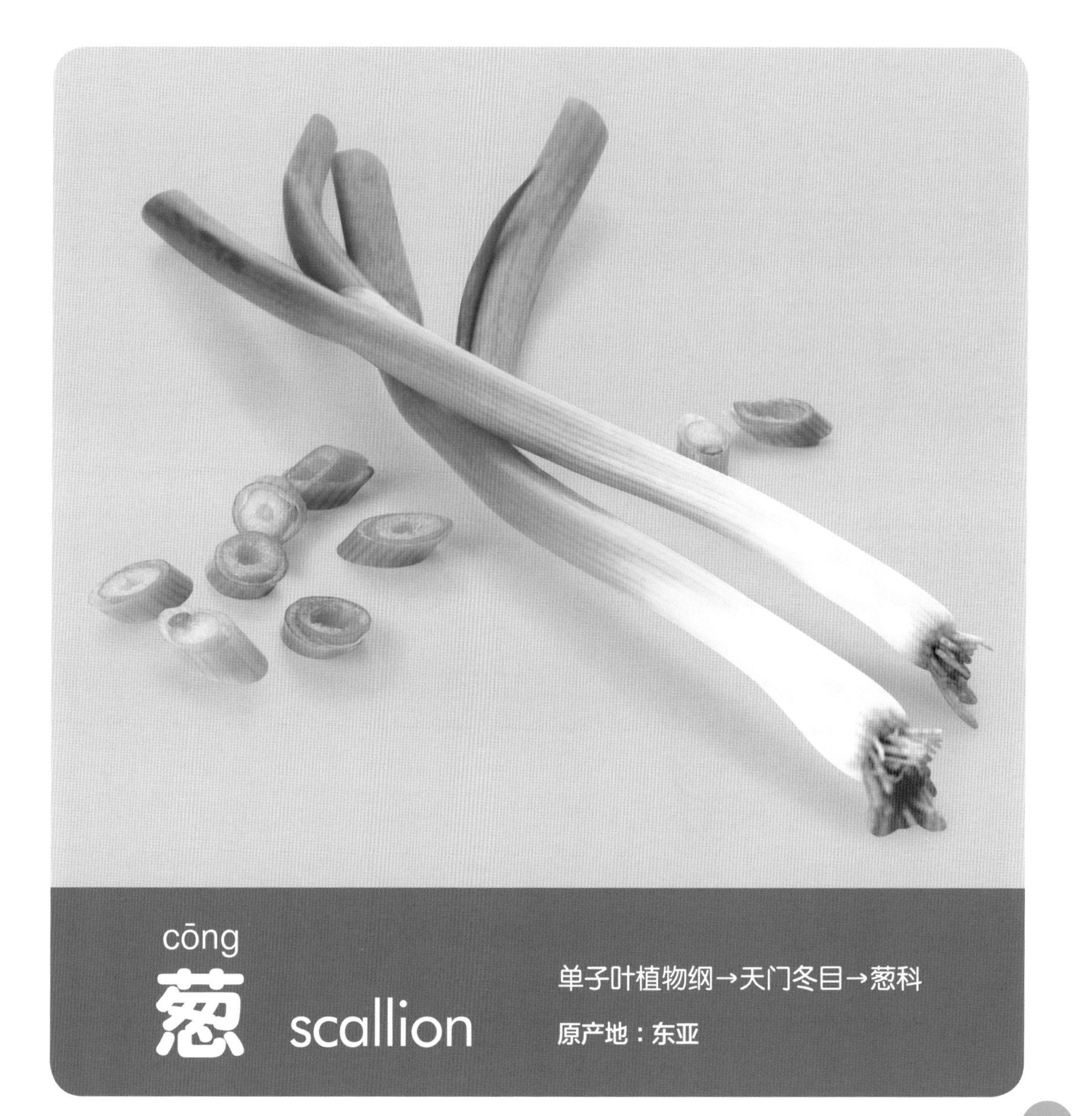

jiāng
# 姜 ginger

单子叶植物纲→姜目→姜科

原产地：中国

有位黄妈妈，
心热嘴泼辣。
越老越厉害，
小孩最怕它。

## 蔬菜特点

姜呈淡黄色，扁平，肉质肥厚，带有芳香和辛辣味，能祛除体内寒气，具有很高的药用价值。

## 蔬菜特点

蒜为扁圆形，表皮为紫色或白色，一般由七、八瓣蒜粒组成，味道辛辣，可以食用或做菜调味。

一头蒜，扁又圆，
紫蒜皮，裹外边。
剥开皮，瞅一瞅，
白蒜瓣，坐一圈。

suàn
**蒜** garlic

单子叶植物纲→百合目→百合科

原产地：欧洲南部、中亚

味道苦，个不大，
遍体长着小疙瘩。
有人见了皱眉头，
有人见了乐开花。

kǔ guā
# 苦瓜
balsam pear

双子叶植物纲→葫芦目→葫芦科

原产地：印度

**蔬菜特点**

苦瓜为长椭圆形，表面长有许多凹凸不平的小疙瘩，果肉里面藏有种子，果肉苦中带甘，能清热解暑。

## 蔬菜特点

豆芽也叫“芽苗菜”，由豆子发芽长成，晶莹洁白，身姿窈窕。味道清香脆嫩，营养价值高。

黄蝌蚪，绿蝌蚪，
长长尾巴大大头。
等到尾巴两寸长，
你一口来我一口。

dòu yá
# 豆芽
bean sprout

双子叶植物纲→豆目→豆科

**原产地：中国**

là jiāo

# 辣椒 pepper

双子叶植物纲→茄目→茄科

原产地：墨西哥

## 念一念

红口袋，绿口袋，

有人怕，有人爱。

有人越吃越爱吃，

有人一吃眼泪来。

## 蔬菜特点

辣椒呈圆锥形或长圆形，未成熟时为绿色，成熟后变成鲜红色，味道辛辣，辣椒中的维C含量在蔬菜中居第一位。

## 蔬菜特点

竹笋是竹子的幼芽，呈淡黄色，食用部分为初生、嫩肥、短壮的芽或鞭，味道香甜脆嫩，是我国的传统佳肴。

念一念

头戴节节帽，
身穿节节衣。
每年春天到，
出土赴宴席。

zhú sǔn
# 竹笋
bamboo shoot

单子叶植物纲→禾本目→禾本科

原产地：中国

yù mǐ

# 玉米 corn

单子叶植物纲→禾本目→禾本科

原产地：中美洲

玉米模样真奇怪，
头顶长出胡子来。
拔掉胡子剥开看，
露出牙齿一排排。

## 蔬菜特点

玉米由淡绿色叶子包裹，里面长满一粒一粒的黄色、白色或黑色玉米，头顶上长有玉米须，营养丰富。

## 蔬菜特点

冬瓜形状像一个小枕头，表皮为绿色，皮面上覆盖着一层白色的果粉，果肉为白色，多汁味淡，营养丰富。

大冬瓜，圆又长，
绿皮上，挂白霜。
切开来，是白瓤，
白瓜子，里面藏。

dōng guā
# 冬瓜
wax gourd

双子叶植物纲→葫芦目→葫芦科

原产地：中国

绿被面，白被里，

肚里睡着小宝宝。

月牙帽，绿袍子，

同住同睡不吵闹。

wān dòu

# 豌豆 pea

双子叶植物纲→豆目→豆科

原产地：中国

## 蔬菜特点

豌豆呈圆柱形或扁圆形，颜色嫩绿，豆皮里裹着绿色的小豆，富含粗纤维，能促进大肠蠕动，起到清洁大肠的作用。

## 蔬菜特点

红薯为椭圆或圆形，表皮为浅红色，肉为黄白色，淀粉含量很高，味道甘甜，营养丰富，具有“长寿食品”之美誉。

念一念

一把绿伞土里插，
条条紫藤地上爬。
地上紫藤长绿叶，
地下结串大甜瓜。

mù ěr
# 木耳
black fungus

伞菌纲→木耳目→木耳科

原产地：中国

小木耳，长树上，
颜色黑黑有弹性。
吃一口，好味道，
营养丰富大家爱。

## 蔬菜特点

木耳生长在枯死的树木上，颜色为黑褐色，质地柔软，薄而有弹性，味道鲜美，营养丰富，有“素中之荤”的美誉。

## 蔬菜特点

土豆又叫“马铃薯”，呈圆形、卵圆或长圆形，个大，皮薄，淀粉含量高，我们经常吃的薯条就是用土豆做的，土豆还有“地下苹果”之称。

小土豆，胖又黄，
爱在地里捉迷藏。
长大切成土豆条，
儿童成人都爱尝。

tǔ dòu
# 土豆 potato

双子叶植物纲→茄目→茄科

原产地：南美洲安第斯山

叫它花，不是花，
叫它菜，是好菜。
夏天秋天开白花，
大家赞它味道好。

huā cài
# 花菜
cauliflower

双子叶植物纲→十字花目→十字花科

**原产地：地中海中部沿岸**

## 蔬菜特点

花菜底部有宽大的绿色叶子，花呈肉质块状，有白色和绿色两种，成熟后就像一朵美丽的鲜花，味道鲜美。

## 蔬菜特点

芋头为球形、卵形或椭圆形，外表呈棕褐色，肉质为白色，味道细软，绵甜香糯，含有大量的淀粉，营养丰富。

小小芋头本领大，
水里长，地里有。
个头不大味儿美，
又香又软大家爱。

yù tou
# 芋头 taro

单子叶植物纲→泽泻目→天南星科

原产地：印度

芹菜叶，绿油油，

芹菜梗，直溜溜。

菜梗长，叶子多，

绿叶子，像小手。

qín cài

# 芹菜 celery

双子叶植物纲→伞形目→伞形科

原产地：地中海沿岸

## 蔬菜特点

芹菜长有叶子和茎，菜叶脆绿，菜茎细长。芹菜香气较浓，又叫“香芹”，含有丰富的蛋白质。

## 蔬菜特点

丝瓜呈长棒形，前端较粗，结有一朵小黄花，全身翠绿，表皮很硬。它的肉质脆嫩，还具有美容的功效。

青藤爬满架，
绿瓶架上挂。
嫩时可做菜，
老了把锅刷。

sī guā
# 丝瓜 loofah

双子叶植物纲→葫芦目→葫芦科

原产地：印度

bō　cài

# 菠菜 spinach

双子叶植物纲→石竹目→苋科

**原产地：伊朗**

菠菜绿油油，

地下长红头。

菠菜含铁高，

大家都需要。

## 蔬菜特点

菠菜为带根全草，根部为红色，味道甘甜，菜叶为椭圆形，呈浓绿色，菜茎较长。菠菜味道鲜美，是人们爱吃的常见蔬菜之一。

## 蔬菜特点

紫甘蓝叶片为紫红，叶面有蜡粉，叶球近似为球形，长相类似包菜，所以又称为“紫包菜”。它的营养丰富，是一种强身健体的蔬菜。

紫菜球，真漂亮，
圆头圆脸圆肚子。
层层包裹紫叶子，
炒菜做汤香又香。

zǐ gān lán
# 紫甘蓝
purple cabbage

双子叶植物纲→十字花目→十字花科

原产地：地中海沿岸

卷心菜，真好看，

外面青，里面白。

一层层，包起来，

能烧汤，能做菜。

juǎn xīn cài

# 卷心菜

cabbage

双子叶植物纲→十字花目→十字花科

**原产地：地中海沿岸**

## 蔬菜特点

卷心菜又叫“圆白菜”，是由绿色叶子一层一层包裹为一个小圆球，炒熟后味道鲜美，在我国很多地方都有栽培。

## 蔬菜特点

生菜有绿生菜和紫生菜两种，色泽鲜艳，菜叶有褶皱，质地脆嫩，是最适合生吃的蔬菜。

生菜叶，皱皱多，
叶片薄，白绿色。
生着吃，脆又嫩，
熟着吃，下火锅。

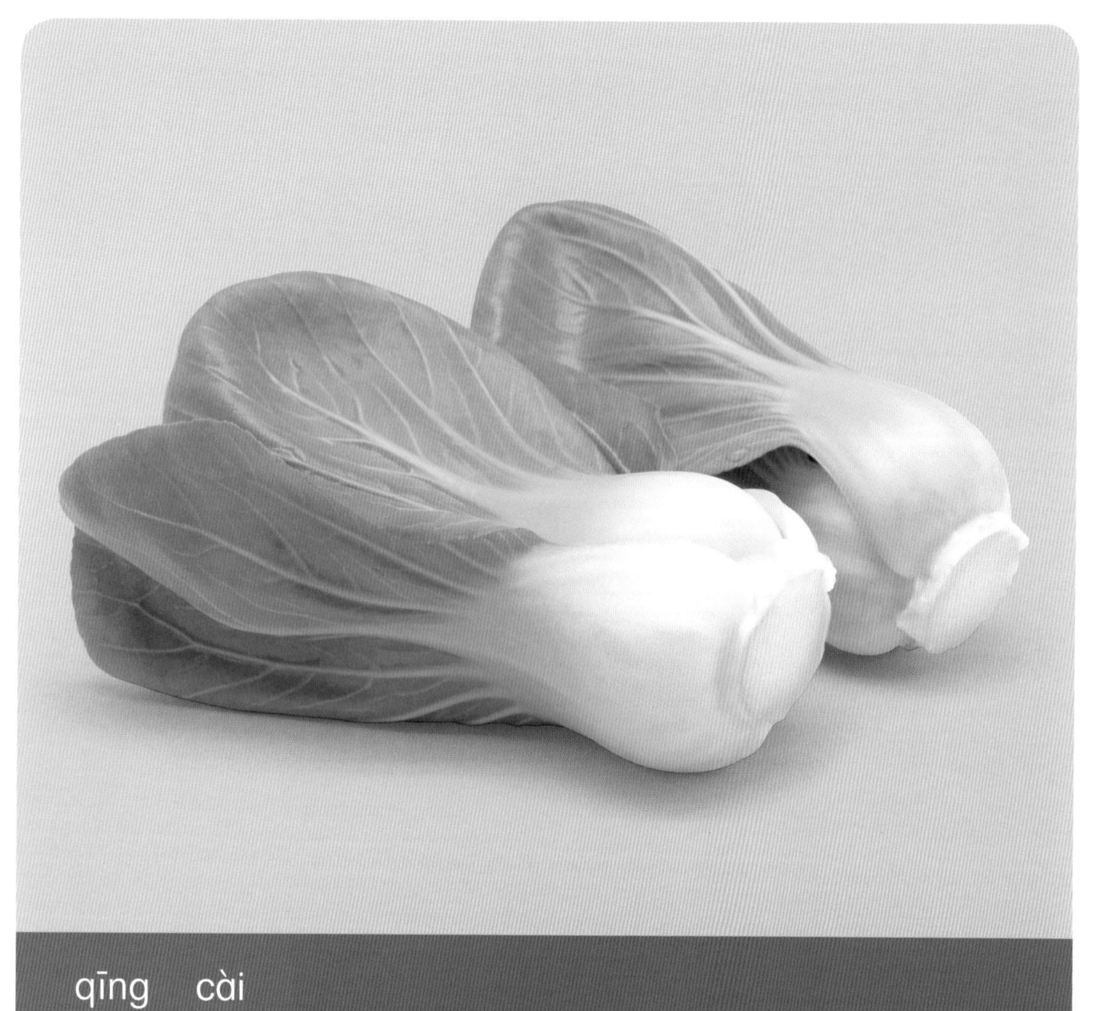

qīng cài

# 青菜 pakchoi

双子叶植物纲→十字花目→十字花科

**原产地：地中海沿岸**

青菜姑娘爱漂亮，
一身绿衣好模样。
长在地里绿油油，
大家夸它好蔬菜。

## 蔬菜特点

青菜颜色为深绿色，叶片呈椭圆状，富含多种维生素，味道鲜嫩爽口，具有润肠通便的作用。

## 蔬菜特点

芦笋形似竹笋，质地鲜嫩，风味鲜美，柔嫩可口，是世界十大名菜之一，被誉为“蔬菜之王”。

lú sǔn
**芦笋** asparagus

单子叶植物纲→天门冬目→天门冬科

原产地：地中海东岸、小亚细亚

芦笋一节节，
个小像竹笋。
国外名气大，
蔬菜界当王。

小香菜，闻着香，
茎儿细，根须长。
绿叶子，嫩又小，
能炒菜，能做汤。

**蔬菜特点**

香菜形状似芹菜，呈绿色，叶子小而嫩，茎部纤细。香菜具有一种特殊的香味，可以作为调料，也可以直接食用。

xiāng cài
# 香菜 coriander

双子叶植物纲→伞形目→伞形科

原产地：亚洲西部、埃及

## 蔬菜特点

豇豆是攀援植物，垂吊在藤蔓上，一般只结两荚，荚果细长，豆荚柔嫩。豇豆营养成分丰富，但一定要熟透后食用。

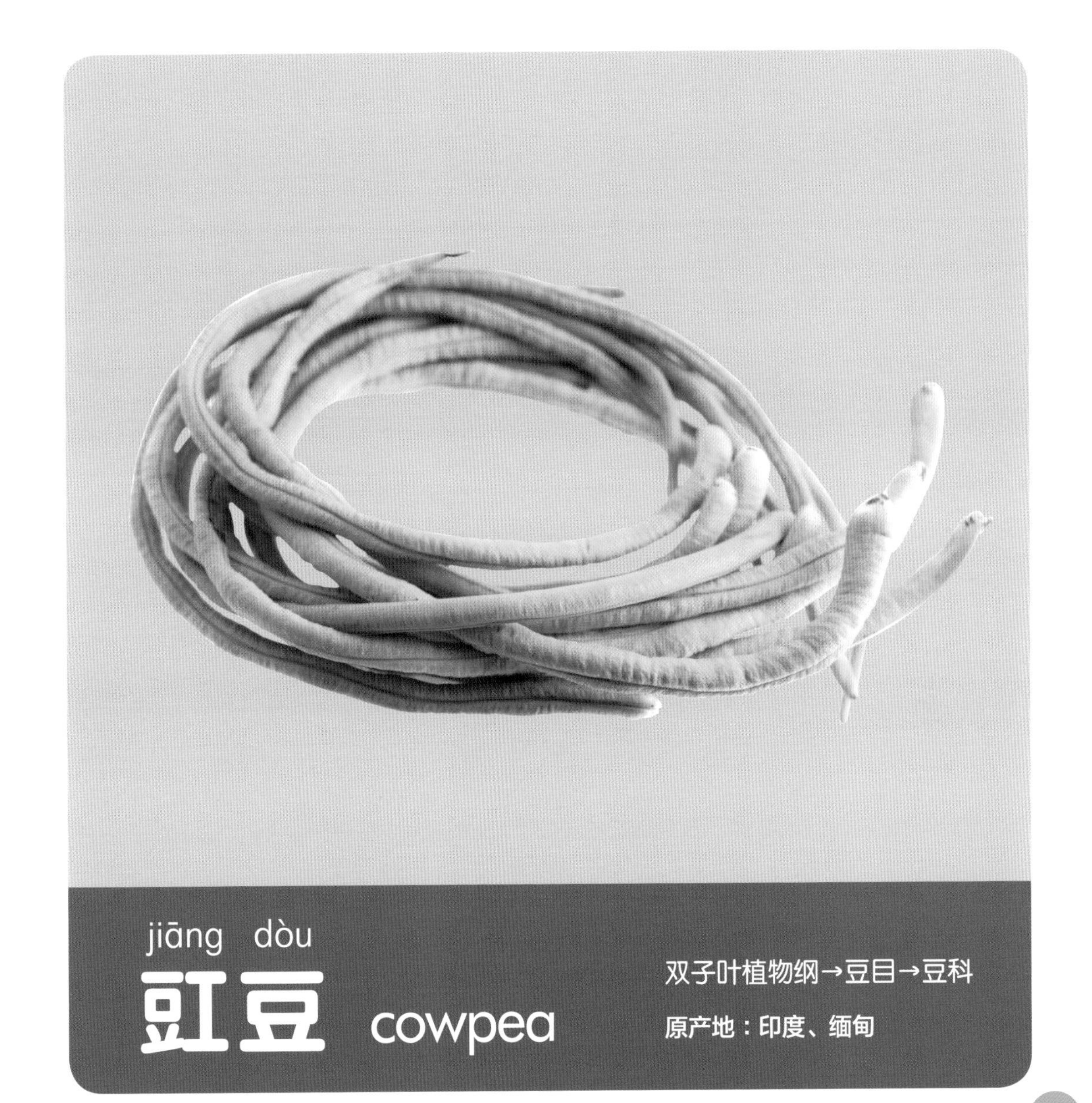

豆角青青细又长，
绿叶紫花向太阳，
摘下几根送厨房，
妈妈炒菜味道香。

jīn zhēn gū

# 金针菇

needle mushroom

担子菌纲→伞菌目→白蘑科

原产地：中国

金针菇，一根根，

圆脑袋，细长身。

脑袋白，身子白，

炒菜吃，脆又嫩。

**蔬菜特点**

金针菇长在树木上，雪白的身子上顶着一个小帽子，味道滑嫩，宝宝经常吃它，对促进记忆、开发智力有特殊作用，所以又被称为“益智菇”。

## 蔬菜特点

韭菜是一种簇生植物，高20~45cm，具有特殊的强烈气味。韭菜叶是扁平的条形，下部的根茎有一层薄薄的外皮。

小小绿叶草，
模样像麦苗。
一茬一茬割，
都夸味道好。

jiǔ cài
# 韭菜 leek

单子叶植物纲→天门冬目→石蒜科

原产地：中国

**图书在版编目(CIP)数据**

认识新鲜果蔬 / 海豚传媒编. — 武汉: 长江少年儿童出版社, 2014.3
（好奇宝宝大世界）
ISBN 978-7-5353-9449-1

Ⅰ. ①认… Ⅱ. ①海… Ⅲ. ①常识课—学前教育—教学参考资料 Ⅳ. ①G613.3

中国版本图书馆CIP数据核字(2013)第221159号

## 认识新鲜果蔬

海豚传媒 / 编
责任编辑 / 罗　萍　　叶　朋　　傅一新
装帧设计 / 钮　灵　　美术编辑 / 王文雯
出版发行 / 长江少年儿童出版社
经销 / 全国新华书店
印刷 / 深圳市福圣印刷有限公司
开本 / 787×1092　1 / 16　5印张
版次 / 2021年12月第1版第8次印刷
书号 / ISBN 978-7-5353-9449-1
定价 / 17.80元

策划 / 海豚传媒股份有限公司
网址 / www.dolphinmedia.cn　　邮箱 / dolphinmedia@vip.163.com
阅读咨询热线 / 027-87391723　　销售热线 / 027-87396822
海豚传媒常年法律顾问 / 湖北珞珈律师事务所　　王清　　027-68754966-227